Hedayat Omidvar

# Irão acelera o ritmo

Hedayat Omidvar

# Irão acelera o ritmo

## Crescimento constante

ScienciaScripts

**Imprint**
Any brand names and product names mentioned in this book are subject to trademark, brand or patent protection and are trademarks or registered trademarks of their respective holders. The use of brand names, product names, common names, trade names, product descriptions etc. even without a particular marking in this work is in no way to be construed to mean that such names may be regarded as unrestricted in respect of trademark and brand protection legislation and could thus be used by anyone.

Cover image: www.ingimage.com

This book is a translation from the original published under ISBN 978-620-2-07358-5.

Publisher:
Sciencia Scripts
is a trademark of
Dodo Books Indian Ocean Ltd. and OmniScriptum S.R.L publishing group

120 High Road, East Finchley, London, N2 9ED, United Kingdom
Str. Armeneasca 28/1, office 1, Chisinau MD-2012, Republic of Moldova, Europe
Printed at: see last page
ISBN: 978-620-7-84970-3

# Índice

# <u>RECONHECIMENTO</u>

Agradeço sinceramente aos meus pais e às minhas irmãs que me apoiaram em todos os aspectos durante a realização do livro.

Apresento também os meus cumprimentos e bênçãos a todos aqueles cujo encorajamento, orientação e apoio, desde o nível inicial até ao final, me permitiram desenvolver o tema.

Hedayat Omidvar

# Capítulo 1

## 1. História da indústria do gás no Irão

Olhando para os escritos dos historiadores antigos, percebe-se que os iranianos foram pioneiros na utilização dos derivados do petróleo e do gás. Por exemplo, a existência de ruínas de lareiras e templos como o fogo imortal perto de Kirkuk, conhecido como tocha de Bokht-Ul-Nasr, localizado perto de um reservatório de gás natural. O templo dos zoroastrianos perto de Masjid-Suleyman e as narrações históricas relativas à lareira de Azargoshasb são, no seu conjunto, uma prova desta afirmação. Os antigos iranianos, com base nas normas da sua própria religião, estimavam o fogo e tentavam mantê-lo vivo. Nas terras altas do centro e do sul do Irão, onde existiam florestas densas, os iranianos utilizavam outras coisas para além da madeira retirada da selva. Por outras palavras, isto era feito através do aproveitamento das reservas subterrâneas. No oeste, sul e sudoeste do Irão, como hoje sabemos, existe uma enorme quantidade de petróleo e gás.

1.1. Nascimento da indústria do gás natural

Embora os iranianos tenham sido os pioneiros na utilização do gás e de outros derivados do petróleo, os primeiros documentos históricos relacionados com a utilização planeada do gás no Irão remontam à era do reino Qajar. Em 1873, quando o rei Naser-ul-din visitou Londres, ficou surpreendido quando viu luzes nas ruas de Londres. De regresso a casa, ordenou a construção e utilização de uma fábrica de iluminação a gás.

Em 1908, o primeiro poço de petróleo perfurado em Masjid Suleyman atingiu o petróleo; e uma enorme quantidade de gás associado foi queimada devido à longa distância entre as fontes de produção e os destinos de consumo, por um lado, e ao elevado custo do investimento e à baixa taxa de consumo no sul do Irão, por outro. Mas, gradualmente, os reservatórios de petróleo entraram em funcionamento, um a um, e o Irão pensou em utilizar o gás natural para abastecer as necessidades do sector residencial, especialmente as casas do pessoal da NIOC nas regiões petrolíferas, como

Masjid Suleyman, Aghajari, Haftgel e Abadan. Embora as principais actividades da indústria petrolífera nessa época incluíssem a produção, o transporte e a refinação de petróleo bruto no sul do Irão, as empresas agentes realizavam algumas actividades limitadas de produção e processamento de gás natural.

De 1910 a 1960, foi descoberto petróleo e os gases associados foram principalmente queimados. No início da década de 1960, com base num contrato assinado com a Rússia, os gases associados foram recolhidos e transferidos para a Rússia em vez de se construir uma siderurgia no Irão. De facto, durante 50 anos, os gases associados foram queimados, mas após a exportação de gás para a Rússia, o gás associado foi fornecido a Shiraz pela primeira vez. De facto, a fábrica de cimento de Shiraz foi a primeira fábrica a receber gás como combustível. Mais tarde, a rede de gás foi alargada a algumas outras cidades do Irão. Desta forma, o gás, que foi queimado durante 50 anos, entrou na rede de distribuição de gás e foi utilizado no sector residencial. Até não terem sido descobertos campos de gás independentes no Irão, era natural processar e utilizar o gás associado. No entanto, após a descoberta de alguns campos de gás independentes, como Kangan e Pars, foi necessário dividir as responsabilidades relativas à extração de gás entre a NIOC e a NIGC. Por outras palavras, a produção, a extração, a venda e a exportação de petróleo bruto ficaram a cargo da NIOC e a refinação, o transporte e a distribuição de gás natural ficaram a cargo da NIGC.

## 2. Companhia Nacional Iraniana de Gás (NIGC)

Há cerca de 40 anos, as políticas adoptadas pela NIOC abriram caminho para que esta empresa tivesse acesso aos requisitos técnicos e económicos para tratar e conter os gases associados e, consequentemente, para os recolher, refinar, transferir e vender. Devido à questão da exportação de gás, foram efectuados estudos exaustivos no estrangeiro e o projeto do gasoduto global conhecido como IGAT I foi realizado e entrou em funcionamento. Devido à necessidade de deixar todos os assuntos relacionados com o gás a uma única organização responsável pelas responsabilidades e objectivos determinados no futuro, e devido aos acordos gerais entre o Irão e a antiga União Soviética para expandir a cooperação económica em 1965, que levaram à assinatura de um protocolo no mesmo ano, a questão da exportação de gás foi levantada e o NIGC foi criado em março de 1965 e iniciou as suas actividades. Atualmente, o NIGC é uma das quatro principais empresas subsidiárias do Ministério do Petróleo. O presidente da sua assembleia geral é o estimado presidente e o presidente do seu Conselho de Administração é o Ministro dos Petróleos.

Com base no artigo 5.º do estatuto da sociedade, a NIGC está autorizada a tratar dos seguintes assuntos

1- Realização de estudos económicos e de viabilidade dos projectos deixados à responsabilidade da empresa.

2- Realização de trabalhos de engenharia de base e de pormenor e execução de todos os projectos deixados à responsabilidade da empresa.

3- Conceção, supervisão e execução de todas as operações de engenharia e construção, tais como a construção e o desenvolvimento de sistemas de produção, recolha e transferência de petróleo e gás, instalações de cabeça de poço, refinarias e instalações de desidratação, armazenamento subterrâneo de gás, gasodutos de transferência, fornecimento e distribuição de gás, gás natural, GNC e CGS, sistemas de telecomunicações, estações de bombagem, obras de construção e infra-estruturas, várias estruturas offshore e instalações relevantes no Irão e no estrangeiro

4- Realização de todas as actividades científicas, técnicas, financeiras, comerciais e de serviços indispensáveis à expansão da atividade da empresa

5- Realização de todas as actividades científicas, técnicas, financeiras, comerciais e de serviços necessárias ao desenvolvimento da atividade da empresa.

A National Iranian Gas Company é composta por seis direcções, a saber

1- Finanças

2- Planeamento

3- Investigação e tecnologia

4- Desenvolvimento dos recursos humanos

5- Coordenação da distribuição de gás

6- Coordenação e supervisão da produção (Expedição)

Para além das direcções supramencionadas, existem doze assuntos que respondem diretamente ao Diretor-Geral, a saber

1- Relações públicas

2- Assuntos jurídicos

3- Considerações sobre inspecções e queixas

4- Assuntos internos

5- Assuntos internacionais

6- Segurança

7- Assuntos das Assembleias

8- Assuntos Executivos das Investigações de Violações

9- Inspeção técnica

10- Saúde, segurança e ambiente (HSE)

11- Tecnologia da informação

12- Comércio

Entre as direcções anteriormente mencionadas, a Direção de Coordenação da Distribuição de Gás é composta por 30 empresas provinciais de gás, responsáveis pelo fornecimento de gás a cidades, aldeias, centrais eléctricas, indústrias e centros comerciais.

A National Iranian Gas Company é composta por seis empresas afiliadas que desenvolvem várias actividades, tais como tratamento e desidratação de gás, transporte de gás, engenharia e desenvolvimento de gás e comércio. As empresas associadas supervisionam as actividades de algumas direcções independentes.

As empresas acima referidas são as seguintes:

1- Iranian Gas Engineering &Development Company

2- Empresa Iraniana de Transmissão de Gás

3- Serviços de refinação industrial de gás iraniano

4- Empresa Iraniana de Armazenamento Subterrâneo de Gás

5- Empresa Iraniana de Comércio de Gás

2.1. Iranian Gas Engineering & Development Company

A Iranian Gas Engineering & Development Company é uma das subsidiárias da NIGC. Com base no sistema executivo de projectos da indústria petrolífera, a empresa é responsável pela implementação dos planos directores do NIGC. Em termos de volume de projectos em execução, a empresa é a maior empresa do NIGC e é responsável por mais de 70% do total dos investimentos previstos. A empresa é responsável pela execução de 12 grandes projectos, incluindo a conceção e construção de gasodutos de transferência de gás, estações de compressão, desenvolvimento de refinarias e instalações de infra-estruturas, como se segue. O valor dos projectos em curso de execução ascende a mais de RLS 200 000 mil milhões e o crédito total aprovado da empresa ascendeu a RLS 40000 mil milhões no ano em curso.

2.2. Empresa de Refinação de Gás

A empresa de refinação de gás, uma das 5 empresas criadas no âmbito do NIGC, é composta por oito empresas independentes de refinação de gás, responsáveis pela operação de tratamento do gás natural. Através da implementação de projectos de desenvolvimento até 1404, espera-se que o número de empresas de refinação de gás duplique.

Com base na previsão, caso todos os projectos de desenvolvimento de refinação sejam realizados até 2025, a capacidade total de refinação de gás do NIGC ascenderá a mais de 1200 Mmcm/d.

As empresas de refinação de gás, que trabalham sob a supervisão da direção, são as seguintes

2.2.1. Concurso Refinaria de Gás de Boland:

A capacidade nominal de refinação da empresa é de 27,2 Mmcm/d; no entanto, atualmente produz 18,3 Mmcm/d do gás natural necessário ao país.

2.2.2. Concurso Refinaria de Gás Boland II:

A capacidade nominal de refinação da empresa é de 57 Mmcm/d, que entrou em funcionamento em 2012.

2.2.3. Refinaria de gás de Parsian:

A capacidade nominal de refinação da empresa é de 83 Mmcm/d; no entanto, atualmente produz 81,2 Mmcm/d do total de gás necessário ao país.

2.2.4. Refinaria de gás de Ilam:

A segunda fase da refinaria (Meymak), concebida para produzir 3,4 Mmcm/d, está a ser construída.

2.2.5. Refinaria de gás Jam:

Atualmente, a refinaria fornece 102 Mmcm /d do gás necessário ao país.

2.2.6. Refinaria de gás de Sarkhoon e Qeshm:

A produção da refinaria ascende a 15,5 *Mmcm/d* de gás natural.

2.2.7. Refinaria de gás Shahid Hasheminejad:

Atualmente, a refinaria fornece 47,2 *Mmcm/d* do gás necessário ao país.

2.2.8. Refinarias do Complexo de Gás de South Pars:

Este complexo fornece mais de 200 Mmcm/d de gás necessário ao país nas suas refinarias de várias fases.

2.3. Empresa de transporte de gás

A Gas Transmission Company é uma das outras filiais da NIGC. Desde a criação do NIGC em 1965, a empresa de transporte de gás estava ativa sob a supervisão da empresa de refinação e transporte de gás. Foi em 2005 que, em termos de estrutura, a direção de transmissão foi separada do sector de refinação e em 2006 foi criada a Companhia de Transmissão de Gás. A tarefa mais importante da empresa é receber o gás natural, o etano, o GPL e os líquidos de gás de fontes de produção nacionais e estrangeiras e transferi-los para os terminais de produção nacionais e também para os terminais de exportação.

A Iranian Gas Transmission Company é composta por cinco distritos de gestão na sede e 10 zonas operacionais. A empresa, no seu conjunto, é responsável pela proteção de cerca de 35 000 km de gasodutos em todo o país. É de salientar que o gasoduto de 35 000 km acima referido, que começa nos pontos de produção e vai até às refinarias de gás e continua até aos pontos de consumo, é considerado a principal artéria de transferência de gás em todo o país. É óbvio que a complexidade e a sensibilidade do trabalho não podem ser sentidas apenas através da referência a alguns números a este respeito. No entanto, é de salientar que a garantia de transferência de 600 Mmcm/d de gás natural das regiões de produção para os pontos de consumo e terminais de exportação não se concretiza, a menos que os 7000 mil trabalhadores do NIGC trabalhem dia e noite para gerir o funcionamento de 60 estações de compressão. Outro ponto importante , que contribui para o sucesso, é o facto de beneficiar de uma rede moderna de telecomunicações e telemetria.

## 2.4. Empresa Iraniana de Armazenamento Subterrâneo de Gás

A Iranian Underground Gas Storage Company é uma das outras grandes empresas subsidiárias da NIGC, que foi criada em 2008. Considerando que cada país deve, em média, armazenar 13,7 por cento da sua taxa de consumo, e dado o consumo anual do Irão agora é de cerca de 140 BCM, o Irão deve armazenar 19 BCM de gás natural anualmente. Em conformidade com isto, foi criada a empresa de armazenamento de gás natural subterrâneo com o objetivo de organizar, expandir, desenvolver e acelerar as actividades de armazenamento de gás subterrâneo no Irão. A empresa é responsável pela continuação dos projectos actuais e pela definição de novos projectos. Iniciou uma dinâmica de levantamento e estudo em várias partes do país para identificar e/ou encontrar potenciais estruturas subterrâneas adequadas para o armazenamento de gás; e estudou 217 reservatórios durante um ano. Atualmente, a empresa está a executar numerosos projectos, nomeadamente Sarajeh, Shoorjeh, Yortsha, Nasrabad, Ghezel Tapeh, Mokhtar, etc.

## 2.5. Empresa Iraniana de Comércio de Gás

A Iranian Gas Commerce Company é uma das outras empresas subsidiárias da NIGC, que foi criada em 1 de janeiro de 2010 em conformidade com os objectivos macro e as políticas das indústrias relacionadas com a energia, especialmente as indústrias de petróleo, gás e petroquímica, para realizar alguns projectos importantes e vitais, tais como a extração, produção, refinação, transferência e distribuição de energia e dos seus produtos em vários sectores de consumo. Inclui os sectores doméstico, industrial, de centrais eléctricas e de exportação, bem como a substituição de energias limpas e baratas por outros vectores de energia para realizar as seguintes tarefas:

Actividades comerciais, incluindo marketing, compra, vendas, importação, exportação, colocação em funcionamento de bens e equipamentos e alguns derivados de hidrocarbonetos, incluindo gás natural, gás de petróleo liquefeito (GPL), gás natural liquefeito (GNL), líquidos de gás, condensados de gás, enxofre e outros produtos de refinaria

Execução de tarefas relacionadas com as mercadorias, incluindo a manutenção de armazéns, formalidades aduaneiras e outras actividades relevantes

Prestação de serviços, incluindo serviços técnicos e especializados, inspeção técnica de mercadorias, atualização e classificação de mercadorias, elaboração de listas de fornecedores e outras actividades relevantes.

## 2.6. Iranian Non-industrial Gas Services Company

A Iranian Non-industrial Gas Services Company está a ser construída junto à refinaria de Jam e às refinarias gigantes de Assaluyeh (South Pars) para ser explorada de acordo com a prestação de serviços às cidades residenciais de gás localizadas em Jam. A empresa é responsável pelo fornecimento, desenvolvimento e implementação de operações de manutenção (eletricidade, mecânica, serviços públicos, civil e verde), casas residenciais da empresa e locais públicos. Também está envolvida na gestão de instalações não industriais, incluindo centros culturais, desportivos, de formação e de bem-estar. Também supervisiona os serviços de transporte, clubes, restaurantes e centros culturais, desportivos e religiosos nas empresas subsidiárias do NIGC.

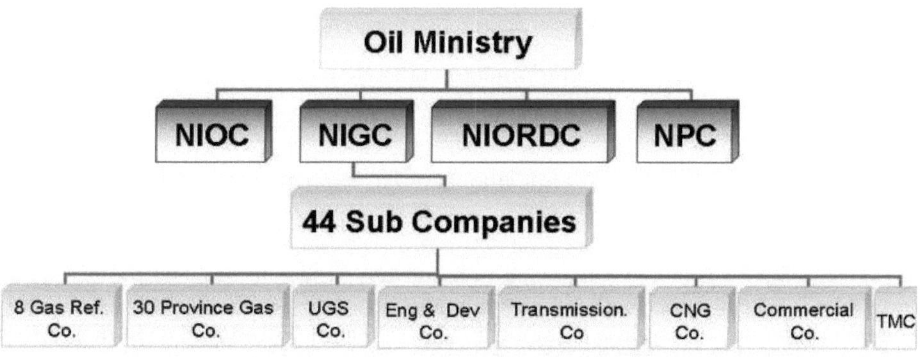


*Figura 1. Reservas provadas de gás natural no Irão (dados da OPEP)*

## 2.7. Tubos de gás

A primeira linha de tronco de gás iraniana (IGAT1), com 42 polegadas de diâmetro e 1104 quilómetros de comprimento, foi construída em 1985 entre a refinaria Bid-Boland e Astara (Noroeste do Irão).

De acordo com o primeiro plano de desenvolvimento, foi construída a segunda linha de gás iraniana (IGAT2), com 56 polegadas de diâmetro e 1039 quilómetros de comprimento, entre a refinaria de Kangan e Qazvin. A terceira, com 1267 quilómetros de comprimento, liga Asalouyeh a Rasht, enquanto uma outra (IGAT 4), com 1145 quilómetros de comprimento, liga Asalouyeh a Saveh.

O gasoduto de reforço da segunda linha de tronco de gás iraniana (IGAT2), com 56 polegadas de diâmetro, estende-se da refinaria de Kangan à província de Isfahan.

Um gasoduto de 56 polegadas, com 70 quilómetros de comprimento, transfere o gás natural produzido nas fases 1, 2, 3, 4 e 5 do oeste de Asalouyeh para a refinaria de Kangan, onde é ligado à Terceira Linha de Tronco de Gás Iraniano (IGAT3), que se estende até à Província Central e, por fim, até ao noroeste do país, abastecendo parcialmente o consumo interno de gás.

A Quarta Linha de Tronco de Gás Iraniana (IGAT4), com 56 polegadas de diâmetro, transfere o gás natural produzido nas fases 1 a 5 de Asalouyeh para as províncias de Fars e Isfahan.

A Quinta Linha de Tronco de Gás Ácido Iraniano (IGAT5), com 56 polegadas de diâmetro e 504 quilómetros de comprimento, transfere o gás ácido produzido nas fases 6, 7 e 8 para a província de Khuzestan para ser injetado nos poços de petróleo.

A Sexta Linha de Tronco de Gás Iraniano (IGAT6), com 56 polegadas de diâmetro e 610 quilómetros de comprimento, transfere o gás natural produzido nas fases 6 a 10 de Asalouyeh para Khuzestan (Ahvaz) para ser consumido aí e no oeste do país.

A sétima linha de tronco de gás iraniana (IGAT7), com 56 polegadas de diâmetro e 902 quilómetros de comprimento, interliga a leste de Asalouyeh a província de Hormozgan e a refinaria Sar-Khoon e transfere o gás natural produzido em South Pars para as províncias de Hormozgan, Sistan & Baluchestan e Kerman.

A oitava linha de tronco de gás iraniana (IGAT8), com 56 polegadas de diâmetro e 1050 quilómetros de comprimento, tem origem a leste de Asalouyeh e passa por Parsian, na província de Fars, para a província de Isfahan e depois para as províncias de Qom e Teerão. Finalmente, o comprimento da nona e da décima linhas é de 1863 e 632, respetivamente.

A construção dos gasodutos 3 a 10 foi iniciada após o início do projeto de desenvolvimento do campo de gás de South Pars.

Para além destes, existem outros gasodutos importantes, como a terceira linha do Azerbaijão, a segunda linha do Norte de Notrh-East, etc., que constituem mais de 40 000 quilómetros de gasodutos iranianos de alta pressão de gás natural.

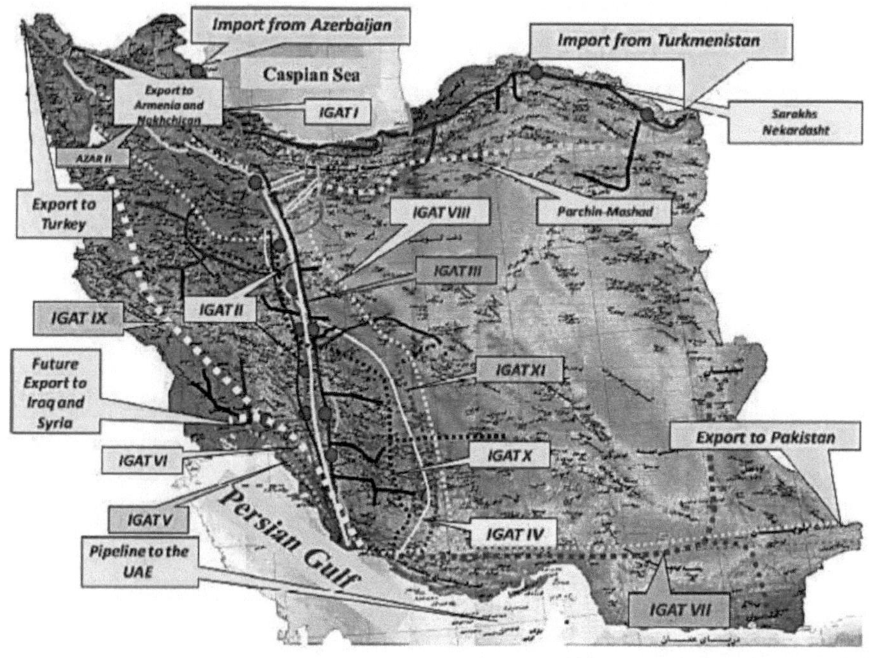


*Figura 2. Rede de gasodutos iranianos.*

Para além dos cerca de 35.000 quilómetros de gasodutos de transporte de alta pressão, anteriormente descritos, a extensão da rede de distribuição de gás natural ultrapassa a incrível extensão de 256.000 quilómetros. Graças a esta enorme rede de gasodutos e a outras infra-estruturas, a Iranian National Gas Company (NIGC) conseguiu fornecer gás natural a mais de 20 milhões de assinantes. Além disso, os assinantes estão em todos os sectores e em cerca de 1100 cidades e mais de 1600 aldeias.

## 3. Perspectivas energéticas do Irão

As perspectivas para a utilização de energia a nível mundial apresentadas no *International Energy Outlook 2016* (IEO2016) continuam a mostrar níveis crescentes de procura ao longo das próximas três décadas, liderados por fortes aumentos em países fora da Organização para a Cooperação e Desenvolvimento Económico (OCDE), particularmente na Ásia. A Ásia não pertencente à OCDE, incluindo a China, a Índia e o Irão, é responsável por mais de metade do aumento total do consumo de energia a nível mundial durante o período de projeção de 2012 a 2040. Em 2040, a utilização de energia na Ásia não pertencente à OCDE excede a de toda a OCDE em 40 quatriliões de unidades térmicas britânicas (Btu) no cenário de referência do IEO2016 (Figura 3).

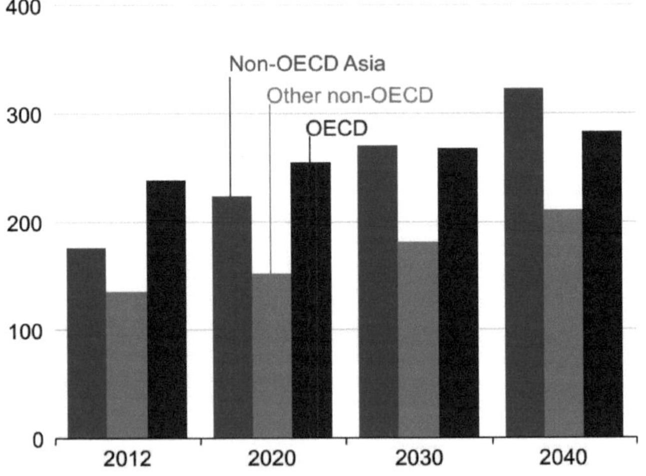


*Figura 3. Consumo mundial de energia por grupo de países.*

No cenário de referência do IEO2016, o consumo mundial total de energia aumenta de 549 quatriliões de Btu em 2012 para 815 quatriliões de Btu em 2040, um aumento de 48%. A maior parte do crescimento da energia a nível mundial ocorrerá nos países não pertencentes à OCDE (incluindo o Irão), onde um crescimento económico relativamente forte e a longo prazo impulsiona o aumento da procura de energia. O consumo de energia nos países não pertencentes à OCDE aumenta 71% entre 2012 e 2040, em comparação com um aumento de 18% nos países da OCDE. O consumo de energia na região combinada não-OCDE excedeu pela primeira vez o da OCDE em 2007 e, em 2012, os países não-OCDE representavam 57% do consumo mundial total de energia. Até 2040, quase dois terços da energia primária mundial serão consumidos nas economias não-OCDE. O crescimento económico - medido pelo produto interno bruto (PIB) - é um fator determinante para o crescimento da procura de energia. O PIB mundial (expresso em termos de paridade do poder de compra) aumenta 3,3%/ano de 2012 a 2040. As taxas de crescimento mais rápidas estão projectadas para os países emergentes, não pertencentes à OCDE, onde o PIB combinado aumenta 4,2%/ano. Nos países da OCDE, o PIB cresce a uma taxa muito mais lenta de 2,0%/ano ao longo da projeção, em resultado das suas economias mais maduras e das tendências de crescimento demográfico lento ou em declínio. As fortes taxas de crescimento económico projectadas nos países não pertencentes à OCDE impulsionam o crescimento acelerado do futuro consumo de energia nesses países.

| (Tbbl/d) | 2015 | 2016 | 2020 |
|---|---|---|---|
| Crude Oil | 2850 | 3860 | 4700 |
| Condensate | 560 | 680 | 1000 |
| Total | 3410 | 4540 | 5700 |

*Figura 4. Produção de petróleo do Irão Perspectivas.*

| MCM/d | 2015 | 2016 | 2020 |
|---|---|---|---|
| Gas production | 548 | 644 | 1000 |
| Gas processing plant | 580 | 680 | 1100 |

*Figura 5. Produção de gás do Irão Perspectivas.*

# <u>Capítulo 1</u>

3.1. Produção de gás natural do Irão

Esta é uma lista de países por reservas comprovadas de gás natural com base no The World Factbook ou noutras fontes fidedignas de terceiros. Com base nos dados da BP, no final de 2013, as reservas comprovadas de gás eram dominadas por três países: Irão, Rússia e Qatar, que, em conjunto, detinham quase metade das reservas comprovadas do mundo. No entanto, existe algum desacordo sobre qual o país com as maiores reservas de gás comprovadas.

*Tabela 1. Lista de países por reservas provadas de gás natural*

| Rank | Country/Region | Natural gas proven reserves (m³) | Date of information |
|---|---|---|---|
| Total | *World* | 187,300,000,000,000 | |
| 1 | Russia | 48,700,000,000,000 | 12 June 2013 |
| 2 | Iran | 33,600,000,000,000 | 12 June 2013 |
| 3 | Qatar | 24,700,000,000,000 | June 2014 |
| 4 | Turkmenistan | 17,500,000,000,000 | June 2014 |
| 5 | United States | 9,860,000,000,000 | 12 December 2013 |
| 6 | Saudi Arabia | 8,600,000,000,000 | June 2014 |
| 7 | Iraq | 6,400,000,000,000 | 1 January 2012 |
| 8 | Venezuela | 5,724,500,000,000 | 19 July 2011 |
| 9 | Nigeria | 5,100,000,000,000 | June 2014 |
| 10 | China | 4,643,000,000,000 | 1 January 2015 |

*Tabela 2. Comparação das reservas comprovadas de gás natural de diferentes fontes (milhares de milhões de metros cúbicos, em 31 de dezembro de 2014/1 de janeiro de 2015)*

| Source | Canada | Iran | Russia | Saudi Arabia | United States | Venezuela |
|---|---|---|---|---|---|---|
| BP | 2,000 | 34,000 | 32,800 | 8,200 | 9,800 | 5,600 |
| OPEC | 2,028 | 34,020 | 49,541 | 8,489 | 9,580 | 5,617 |
| US Energy Information Administration | 2,535 | 42,426 | 59,619 | 10,393 | 10,441 | 6,960 |

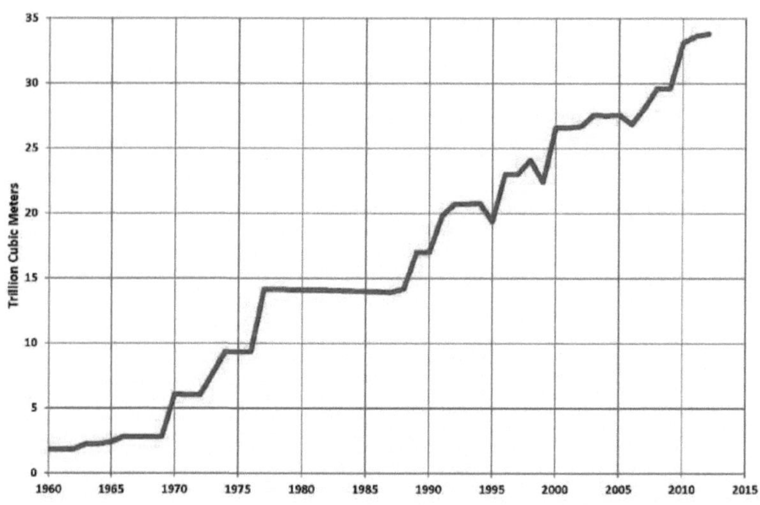

*Figura 6. Reservas provadas de gás natural no Irão (dados da OPEP)*

Devido aos constantes anúncios de reservas recuperáveis de gás de xisto, bem como à perfuração na Ásia Central, na América do Sul e em África, e à perfuração em águas profundas, as estimativas estão a ser objeto de actualizações frequentes, na sua maioria em alta. Desde 2000, alguns países, nomeadamente os EUA e o Canadá, registaram grandes aumentos nas reservas comprovadas de gás devido ao desenvolvimento do gás de xisto, mas os depósitos de gás de xisto na maioria dos países ainda não foram adicionados aos cálculos das reservas.

De acordo com o Ministério do Petróleo do Irão, as reservas comprovadas de gás natural do Irão são de cerca de 1 046 triliões de pés cúbicos (29,6 triliões de metros cúbicos) ou cerca de 15,8% das reservas totais mundiais, das quais 33% são de gás associado e 67% estão em campos de gás não -associados. É o segundo maior país do mundo em reservas, a seguir à Rússia.

*Tabela 3. Composição das reservas de gás natural do Irão*

| Onshore Associated | 13.5% |
|---|---|
| Onshore Non-Associated | 18.4% |
| Offshore Associated | 1% |
| Offshore Non-Associated | 67.1% |

Apesar das sanções ocidentais, a produção de gás natural do Irão continua a aumentar à medida que vão sendo activadas mais fases do seu maior campo de gás natural, South Pars. No total, o campo que o Irão partilha com o vizinho Qatar está a ser desenvolvido em 24 fases. Cerca de metade das fases já foram concluídas e o Irão espera que o campo, incluindo as fases centradas no petróleo, esteja totalmente operacional em 2018. Localizado a mais de 60 milhas da costa, South Pars detém quase 40% das reservas de gás do Irão.

*Figura 7. O South Pars do Irão, no Golfo Pérsico, é provavelmente o maior campo de gás do mundo.*

*Quadro 4. Desenvolvimento do campo de gás natural de South Pars*

| Phase | Natural gas capacity (Bcf/d) | Condensate capacity (bbl/d) | Completion or expected completion year |
|---|---|---|---|
| 1 | 1 | 40,000 | 2003 |
| 2 | 2 | 80,000 | 2002 |
| 3 | | | |
| 4 | 2 | 80,000 | 2004 |
| 5 | | | |
| 6 | 3.7 | 158,000 | 2008 |
| 7 | | | |
| 8 | | | |
| 9 | 2 | 80,000 | 2010 |
| 10 | | | |
| 11 | 2 | 80,000 | after 2022 |
| 12 | 3 | 120,000 | 2014 |
| 13 | 2 | 80,000 | after 2020 |
| 14 | 2 | 77,000 | after 2021 |
| 15 | 2 | 80,000 | 2015 |
| 16 | | | |
| 17 | 2 | 80,000 | 2016 |
| 18 | | | |
| 19 | 2 | 77,000 | after 2020 |
| 20 | 2 | 75,000 | after 2020 |
| 21 | | | |
| 22 | 2 | 77,000 | after 2021 |
| 23 | | | |
| 24 | | | |
| **Total** | **30** | **1,184,000** | |

Source: Facts Global Energy, December 2014.

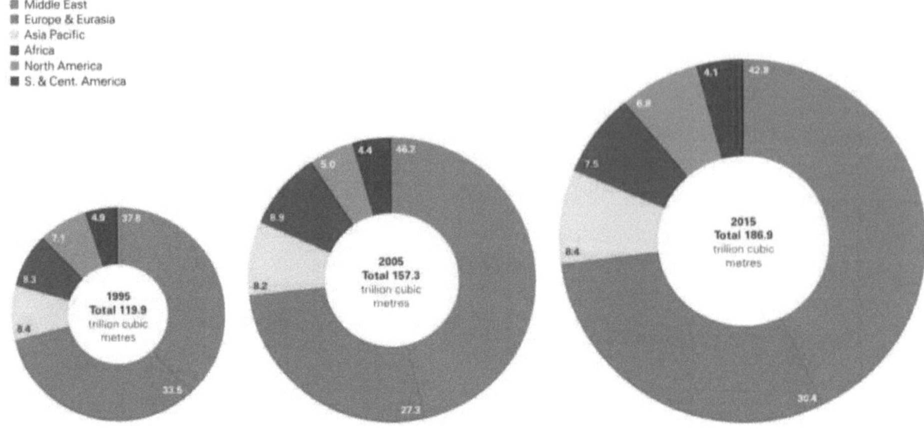



*Figura 8. Distribuição das reservas provadas em 1995, 2005 e 2015.*

O Irão representa menos de 1% do comércio global de gás natural e não é um exportador significativo de gás natural, como explicado num relatório da EIA sobre as *exportações de gás natural do Irão*. Em 2013, o Irão exportou 329 Bcf e importou 188 Bcf de gás natural seco, ambos através de gasodutos. O Irão depende das importações sobretudo durante os meses de inverno, quando a procura de aquecimento de espaços residenciais atinge o seu pico durante o tempo mais frio. O Irão não dispõe de infra-estruturas para exportar ou importar gás natural liquefeito (GNL).

As importações de gás natural do Irão diminuíram em 2012 em relação ao ano anterior (mais de 35%) e em 2013 (21%), reflectindo volumes muito inferiores importados do Turquemenistão. As sanções dos EUA e da UE interferiram com as transacções entre o Turquemenistão e o Irão em 2012 e 2013, resultando no declínio das importações de gás do Turquemenistão. Em 2011, o Irão recebeu quase 30% das exportações de gás natural do Turquemenistão, mas a percentagem caiu para menos de 12% em 2013, de acordo com a BP Statistical Review of World Energy. No entanto, mais de 90% das importações de gás natural do Irão continuaram a provir do Turquemenistão em 2013 e 2014, e o restante do Azerbaijão. As importações de gás natural do Turquemenistão são essenciais para a capacidade do Irão de satisfazer os picos de procura sazonais e a procura industrial no norte do país.

O Irão exporta gás natural para a Turquia, a Arménia e o Azerbaijão. Em 2014, mais de 90% das exportações iranianas destinaram-se à Turquia e o restante ao Azerbaijão e à Arménia. A Arménia utiliza a maior parte do gás natural iraniano importado para produzir eletricidade na central eléctrica de Hrazdan. Em contrapartida, a eletricidade de base excedentária gerada pela central nuclear arménia é exportada para o Irão. O Irão exporta gás natural para o exclave azeri isolado de Nakhchivan através do gasoduto Salman-Nakhchivan. Em contrapartida, o Azerbaijão exporta gás natural para as províncias do Norte do Irão através do gasoduto Astara - Kazi-Magomed.

**Gás natural liquefeito (GNL)** Embora as aspirações do Irão de construir uma instalação de liquefação remontem à década de 1970, o país ainda não construiu nenhuma. No passado, a NIOC iniciou projectos de construção de uma fábrica de exportação de GNL, mas a maior parte dos trabalhos foi interrompida, principalmente devido à falta de tecnologia e de investimento estrangeiro, na sequência de sanções internacionais que impossibilitaram a obtenção de financiamento e a aquisição da tecnologia necessária. Dadas as restrições políticas, os projectos de GNL do Irão estão a anos de distância da sua conclusão.

**O** Irão tem potencial para se tornar um importante fornecedor de gás à sua região e estabeleceu acordos com alguns dos seus países vizinhos para exportar gás natural através de gasodutos regionais planeados. No entanto, existem vários desafios relacionados com o sector do gás natural do Irão que podem complicar os volumes esperados destes projectos. Alguns desses desafios incluem: O crescimento da procura de gás natural por parte do Irão; a dependência do Irão do seu gás natural para aumentar a recuperação de petróleo através da sua reinjecção em poços de petróleo; as sanções internacionais que têm dificultado o acesso do Irão à tecnologia e ao investimento estrangeiro; e alguns desacordos entre o Irão e os potenciais compradores sobre os preços do gás natural.

**Gasoduto Irão-Iraque**: Com base nos progressos recentes, prevê-se que as exportações de gás natural do Irão para o Iraque comecem em breve. Está concluído um gasoduto de gás natural da província iraniana de Ilam até à fronteira entre o Irão e o Iraque e a construção do gasoduto do lado iraquiano, que abastecerá a central eléctrica de Mansourieh, está quase concluída.

Prevê-se que as primeiras exportações de gás sejam de cerca de 50 mil milhões de pés cúbicos (Bcf) por ano e que aumentem no futuro. O Iraque e o Irão assinaram no passado um acordo de fornecimento de gás natural para alimentar as centrais eléctricas iraquianas de Bagdade e Diyala. O contrato inicial abrangia 320 Bcf por ano durante cinco anos. No entanto, preocupações relacionadas com a segurança podem atrasar os planos para aumentar o fornecimento de gás para este nível.

**Gasoduto Irão-Omã**: Em março de 2014, o Irão e Omã acordaram que o Irão exportaria 350 Bcf por ano de gás natural para Omã através de um gasoduto. A construção do gasoduto poderá sofrer atrasos devido a desacordos em matéria de preços. O Irão prevê preços do gás entre 11 e 14 dólares/milhão de unidades térmicas britânicas (MMBtu), enquanto Omã pretende pagar entre 6 e 8 dólares/MMBtu.

**Oleoduto Irão-Paquistão**: Embora o oleoduto Irão-Paquistão tenha enfrentado dificuldades de financiamento consideráveis, ambos os países parecem empenhados em concluir o projeto. A construção do gasoduto do lado iraniano está quase concluída, enquanto a construção do lado paquistanês sofreu atrasos. O acordo inicial sobre o gasoduto previa o fornecimento de 274 Bcf por ano de gás natural durante 25 anos.

**Contrato de gás** Irão-Emirados Árabes Unidos: O contrato de gás natural Irão-Emirados Árabes Unidos (EAU) previa um acordo para o transporte de gás natural do campo de Salman para Sharjah, nos EAU. As negociações do contrato não foram concluídas devido a um litígio sobre preços e volumes, tendo o contrato sido submetido a arbitragem internacional.

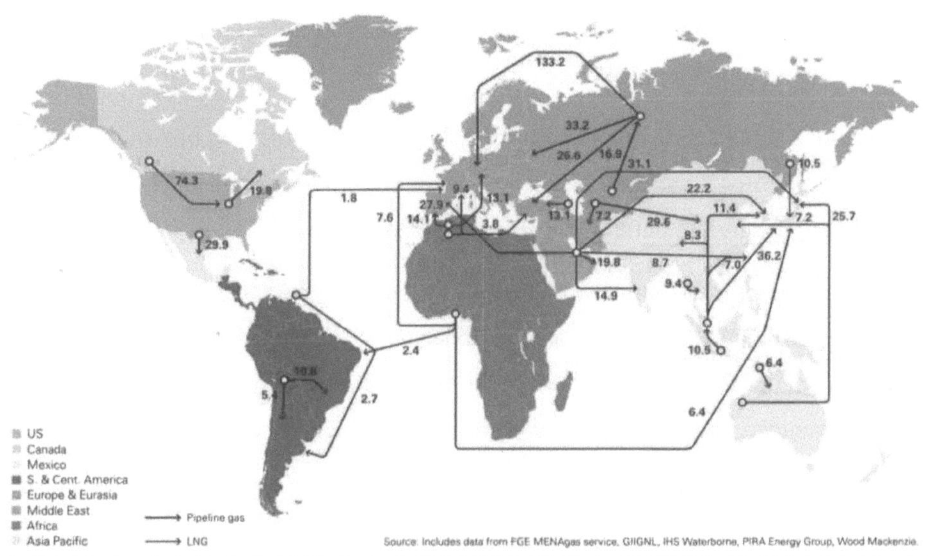


*Figura 9. Principais movimentos do comércio de gás.*

Após o aumento da produção e das exportações de petróleo do Irão em cerca de um milhão de barris por dia desde a eliminação das sanções em meados de janeiro, é tempo de esperar pela surpresa do gás iraniano.

O nível real de produção de gás doce do Irão aumentou para mais de 178 mil milhões de m3 no ano passado, enquanto a capacidade de produção de gás bruto atingiu 260 mil milhões de m3/ano, graças ao início de novas fases do campo de gás gigante partilhado com o Qatar, South Pars.

O Irão aumentou a produção de gás bruto deste campo para mais de 132 mil milhões de m3/ano no último ano fiscal, que terminou a 21 de março, mas espera-se que 5 novas fases entrem em funcionamento durante o corrente ano. A capacidade de produção final destas 5 fases é de cerca de 55 mil milhões de m3/ano e algumas delas estão atualmente a produzir gás com metade da capacidade.

A parte iraniana de South Pars foi dividida em 24 fases, das quais as fases 110, 12, 15 e 16 estão atualmente totalmente operacionais.

Quando as 24 fases deste projeto estiverem operacionais até 2019, a capacidade de produção de gás bruto do país aumentará dos actuais 260 mil milhões de m3/ano para cerca de 390 mil milhões de m3/ano.

No entanto, South Pars não é a história completa do gás iraniano. O país introduziu 49 campos de petróleo e gás para estrangeiros com base num novo modelo de contrato concebido, o chamado Contrato Petrolífero do Irão, ou IPC.

Entre os campos introduzidos, há 21 campos de gás, dos quais apenas dois são campos castanhos com a atual produção de 28 milhões de m3/d. Quando todos estes campos estiverem operacionais, cerca de 380 milhões de m3/d de gás serão acrescentados ao nível de produção, enquanto o gás associado produzido a partir dos campos petrolíferos acrescentará também 200 milhões de m3/d ao nível de produção.

Não se sabe ao certo quanto é que as empresas estrangeiras investem nestes domínios com base no IPC, mas o Irão espera atrair 30 mil milhões de dólares nos próximos anos. No total, o Irão planeou investir 231 mil milhões de dólares (incluindo fundos estrangeiros) em projectos de petróleo e gás a montante até março de 2025.

Por enquanto, o gás natural representa mais de 68% do consumo total de energia primária do Irão, mas está prevista a gaseificação de mais 2 milhões de habitações, a triplicação da reinjecção de gás nos campos petrolíferos para cerca de 100 mil milhões de m3/ano, bem como o aumento do fornecimento de gás às centrais eléctricas em mais de 20 mil milhões de m3/ano de gás às centrais eléctricas, a fim de reduzir a queima de combustíveis líquidos neste sector.

No total, o Irão teria uma quantidade significativa de gás excedentário para exportar, não só graças ao aumento da produção, mas também devido a projectos de conservação de combustível.

A Organização de Conservação de Combustível do Irão planeia gastar mais de 16 mil milhões de dólares na melhoria dos projectos de eficiência energética para poupar 170 mil milhões de dólares - mais de dez vezes mais - em combustível.

Para além do sector a montante, o Irão tem projectos de trânsito de gás no valor de 55,8 mil milhões de dólares para os próximos 10 anos, incluindo vários gasodutos transfronteiriços, permitindo ao país exportar gás em várias direcções. Atualmente, o Irão exporta cerca de 9,7 mil milhões de m3/ano de gás para a Turquia, mas existem cerca de 100 milhões de m3/d de acordos de exportação de gás com o Iraque, Paquistão e Omã.

O país dispõe igualmente de uma fábrica de GNL de 10,5 milhões de toneladas/ano, desenvolvida em 50%, destinada a liquefazer 14 mil milhões de m3/ano de gás e a exportar para mercados estrangeiros, incluindo a UE, até 2019.

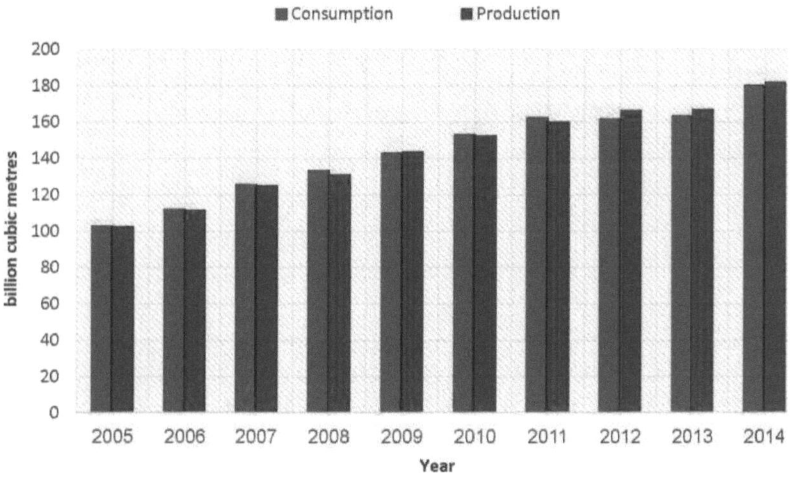


*Figura 10. Comparação entre a produção e o consumo de gás do Irão (relatório estatístico da BP).*

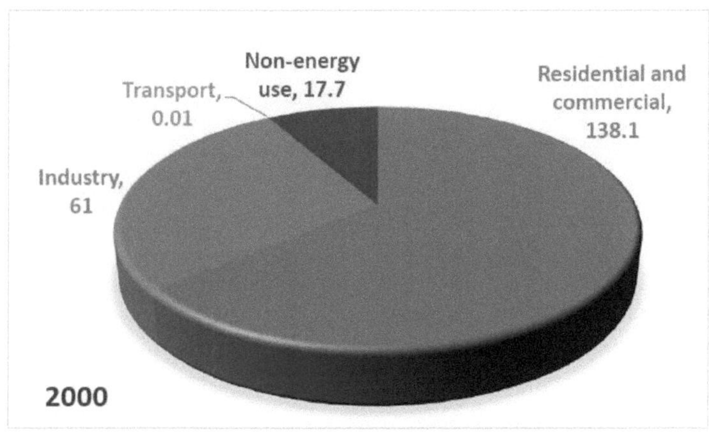

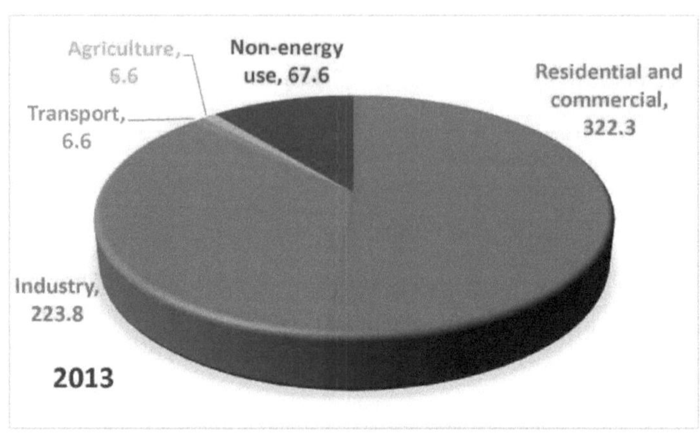



*Figura 11. Consumo de gás natural por sectores.*

## 4. Políticas energéticas do Irão

O Irão, enquanto país rico em energia, enfrenta muitos desafios na utilização óptima dos seus vastos recursos. As elevadas taxas de crescimento demográfico e económico, um generoso programa de subsídios e uma gestão deficiente dos recursos contribuíram para um rápido aumento do consumo de energia e para uma elevada intensidade energética nas últimas décadas. A continuação da tendência de aumento do consumo de energia trará novos desafios, uma vez que reduzirá as receitas da exportação de petróleo e de gás, restringindo as actividades económicas.

Embora o Irão seja um dos principais intervenientes no mercado mundial da energia e na economia global, enquanto produtor de energia, um rápido aumento da sua própria procura de energia suscitou preocupações quanto à capacidade do país para continuar a exportar petróleo e gás e, subsequentemente, para melhorar as suas condições económicas e ambientais. O Irão tornou-se cada vez mais dependente das importações de gasolina, uma vez que o consumo de gasolina tem vindo a aumentar devido ao rápido crescimento do número de automóveis de passageiros e ao baixo preço da gasolina. A utilização de gás natural e de eletricidade também tem vindo a aumentar rapidamente, em média, a uma taxa de 16,4 e 5,9 por cento ao ano nos últimos 30 anos e mais do que duplicou nos últimos anos (Quadro 5). Além disso, as sanções ao investimento e à produção no sector da energia impostas pelos EUA e, consequentemente, pela UE e pelas Nações Unidas, tornaram mais difícil satisfazer a tendência crescente do consumo de energia no Irão. Como mostra o Quadro 5, o consumo total de energia primária aumentou 5,8%, enquanto a produção total de energia primária aumentou apenas 4,3% nos últimos 30 anos (EIA, 2011). Se a tendência atual do consumo de energia se mantiver, o Irão terá de reduzir as suas exportações de petróleo bruto e gás natural para satisfazer a procura interna. Um declínio nas exportações de petróleo teria um impacto dramático na economia, que está fortemente dependente das receitas do petróleo. Mais de metade das receitas do Estado e 80% do total das receitas de exportação provêm das exportações de petróleo e muitas actividades económicas, nomeadamente no sector da indústria transformadora, dependem da importação de bens intermédios que são financiados pelas receitas das exportações de petróleo (Banco Central do Irão, 2009). O aumento do consumo de energia também provocou a deterioração do ambiente e das condições de saúde, em especial nas grandes cidades, como Teerão. O aumento do consumo de energia no Irão deve-se em parte ao rápido crescimento da economia do país (Medlock e Soligo, 2001), mas os elevados subsídios à energia e a má gestão agravaram a tendência de consumo. A percentagem de subsídios no orçamento do Estado atingiu cerca de 12% (Farzanegan e Markwardt, 2009) e o consumo de energia per capita tem vindo a aumentar 5%, em média, nos últimos 40 anos. No entanto, a intensidade energética no Irão é uma das mais elevadas do mundo, representando um elevado nível de ineficiência na utilização da energia (EIU, 2006).

*Quadro 5. Tendências da produção e do consumo de energia no Irão.*

| | 1980 | 2012 | Growth (annual, %) | Ratio** |
|---|---|---|---|---|
| Total Oil Supply (Tbd*) | 1683 | 4179.62 | 4.7 | 1.1 |
| Dry Natural Gas Production (Bcf) | 250 | 4107.13 | 16.0 | 2.4 |
| Total Primary Energy Production (Quadrillion Btu) | 3.94 | 13.35 | 4.3 | 1.3 |
| Total Petroleum Consumption (Tbd) | 590 | 1741.9 | 4 | 1.3 |
| Dry Natural Gas Consumption (Bcf) | 232 | 4212.73 | 16.4 | 2.4 |
| Total Primary Energy Consumption (Quadrillion Btu) | 1.58 | 8.121 | 5.8 | 1.7 |
| Total Electricity Net Consumption (Billion kWh) | 19.68 | 161.46 | 5.9 | 1.9 |

*Tbd: Thousand barrels per day, Bcf: Billion cubic feet
**Ratio is the ratio of average figures of the corresponding item in the 2000s to that in the 1990s.
Source: US Energy Information Administration, International Energy Statistics, 2011

Estes factos alarmantes e inquietantes chamaram a atenção das autoridades iranianas para o estabelecimento de algumas leis e regulamentos relacionados com a eficiência energética na última década.

Estas leis consideram que o seu dever está em consonância - em todos os seus aspectos - com a realização do seguinte tema: desenvolvimento da gestão da produção, procura e consumo de energia, a fim de alcançar uma utilização eficiente e óptima dos recursos energéticos em todo o país, controlando e reduzindo a poluição ambiental, através de estudos, investigação e desenvolvimento, formação, publicações e serviços científicos, técnicos e especializados adequados.

Algumas dessas leis são as seguintes:

- Legislação do Conselho Superior da Energia

Este conselho é responsável pela elaboração de planos estratégicos e pela tomada de decisões no domínio da energia.

- Regulamento executivo do artigo 26 da lei 1770

Esta lei estabelece uma série de regulamentos sobre o consumo de energia em todos os sectores.

- Lei sobre a reforma dos padrões de consumo de energia

Esta lei é a espinha dorsal das medidas de gestão da energia no Irão, que estabelece os objectivos e os métodos gerais para otimizar os sistemas de consumo de energia.

- Artigo 12.º da lei relativa à eliminação dos entraves à competitividade e à promoção do sistema financeiro.

Ao fornecer incentivos e motivações, este artigo tem como objetivo encorajar o Estado e as organizações e empresas privadas a considerarem os métodos de eficiência energética na produção e manutenção.

Em geral, os objectivos dos programas de gestão de energia no Irão são os seguintes

> Sensibilização do público através da publicação de livros, revistas e campanhas publicitárias

> Proporcionar programas abrangentes de conservação de energia nos sistemas de transporte (superfície, ferroviário, aéreo, marítimo e por condutas)

> Aplicação de medidas de poupança de combustível no sector da construção

> Produzir electrodomésticos e sistemas de consumo de combustível de elevada qualidade e eficiência

> Implementação da conservação de energia na indústria

> Prever medidas disciplinares para apoiar a cultura de conservação pública

> Consumo de energia sensato

> Cooperação para a redução das emissões de gases com efeito de estufa

De acordo com os objectivos do Plano de Economia Resiliente do Irão, as principais políticas relativas às indústrias dos sectores do petróleo e do gás são as seguintes

• Aumentar as reservas estratégicas de petróleo e gás do país, a fim de influenciar os mercados mundiais de petróleo e gás;

• Apoiar as empresas privadas para que invistam na prospeção (não na propriedade), na exploração e no desenvolvimento das jazidas de petróleo e de gás do país, especialmente as jazidas conjuntas;

• Melhorar o fator de recuperação e a recuperação final dos reservatórios de petróleo e gás;

• Promover o investimento estrangeiro;

• Rever os quadros contratuais para permitir que as IOC participem em todas as fases de um projeto a montante, incluindo a produção;

# Capítulo 5

## 5. Implementação da eficiência energética

Os planos e projectos de eficiência energética que foram realizados no Irão podem ser classificados em três grandes grupos. Estes grupos são os edifícios, as indústrias e os transportes. Segue-se uma lista dos regulamentos, normas e projectos relacionados com a eficiência energética em diferentes sectores.

5.1. Eficiência energética no sector dos edifícios (residenciais e comerciais)

5.1.1. Regulamentos

- Lei sobre a reforma dos padrões de consumo de energia

- Regulamentação nacional para a construção (secção 19) - poupança de energia

- Obrigação de fornecer 20% do consumo total de eletricidade com recursos renováveis, nos edifícios públicos

- Normas de classificação energética (rotulagem) para aparelhos eléctricos e a gás

- Classificação energética (rotulagem) para edifícios residenciais

- Classificação energética (rotulagem) para edifícios não residenciais

- ...

5.1.2. Normas nacionais

- Aparelhos de aquecimento ambiente a gás - Método de ensaio do consumo de energia e instruções de rotulagem energética

- Aquecedores de água a gás instantâneos - Método de ensaio do consumo de energia e instruções de rotulagem energética

- Aquecedores de ambiente a gás ventilados - Requisitos e métodos de ensaio

- Vidro - Unidades isolantes de vidro - Especificação - Parte 1: Com espaço de ar

- Vidro  Unidades isolantes de vidro - Métodos de ensaio

- Materiais de construção - Produtos de isolamento térmico para aplicações em edifícios

- Produtos manufacturados de espumas rígidas de poliuretano (PUR) - Especificação

- Materiais de construção - Produtos de isolamento térmico para construção - Produtos manufacturados de perlite expandida (FPB) - Especificação

- Acústica - Medição da absorção sonora numa sala de reverberação - Método de ensaio

- Materiais de construção - Produtos de isolamento térmico - Determinação do comportamento sob carga cíclica - Método de ensaio

- Produtos de isolamento térmico para aplicação em edifícios - Sistemas compósitos de isolamento térmico pelo exterior (ETICS) à base de poliestireno expandido - Especificações

- Desempenho térmico de materiais e produtos de construção - Determinação da resistência térmica através dos métodos da placa quente protegida e do medidor de fluxo de calor - produtos espessos de alta e média resistência térmica

- ...

5.1.3. Projectos

- Instalação de janelas com vidros duplos nos edifícios municipais e administrativos

- Auditoria energética e implementação da eficiência energética nos edifícios municipais e administrativos

- Promoção da cultura de poupança de energia nos municípios

- Facultar facilidades e subvenções para a aquisição de sistemas energéticos novos e eficientes

- Implementação da eficiência energética em edifícios de ensino (escolas) em todo o país

- Implementação da eficiência energética em vários edifícios médicos (hospitais)

- Projeto de redução da energia doméstica em Teerão

Avaliação técnica e económica das bombas de calor e dos sistemas de recuperação de calor

## 5.2. Eficiência energética no sector industrial

### 5.2.1. Regulamentos

- Artigos 1, 9, 10, 11, 12, 21, 24, 25, 26, 46, 54 e 73 da lei sobre o padrão de reforma do consumo de energia

- Artigo 121º da lei do terceiro plano de desenvolvimento económico, social e cultural

- Artigos relacionados com a secção industrial no estatuto executivo do artigo 121.

- Obrigação de contratar um gestor de energia para clientes com uma procura de eletricidade superior a 1 MW

- ...

### 5.2.2. Normas nacionais

- Várias normas sobre critérios de consumo de energia em processos industriais

- Especificação e critérios para o consumo de energia térmica e eléctrica no processo de produção de vidro

- Cimento - Critérios de Consumo de Energia nos Processos Produtivos

- Especificação e critérios para o consumo de energia térmica e eléctrica e graus de energia para o processo de produção de tijolos de construção em fábrica

- Ladrilhos cerâmicos - Critérios de consumo de energia nos processos de produção

- Especificações técnicas e critérios para o consumo de energia térmica e eléctrica no processo de produção de óleo vegetal (refinação de óleo vegetal e esmagamento de óleo)

- Especificação e critérios para o consumo de energia térmica e eléctrica para o processo da fábrica de açúcar

- Especificações técnicas e critérios para o consumo de energia térmica e eléctrica nos processos de produção de pneus e tubos

- Especificação e critérios para o consumo de energia térmica e eléctrica no processo de produção de gesso

- Especificação e critérios para o consumo de energia térmica e eléctrica no processo das fábricas de cal

- Especificações técnicas e critérios para o consumo de energia térmica e eléctrica nos processos de produção de ferro e aço

- Geradores de ar quente de convecção forçada que utilizam combustíveis gasosos para aquecimento de espaços não domésticos com caudal térmico inferior ou igual a 300 kW - Especificação técnica e método de ensaio para o consumo de energia e instruções de etiquetagem energética

- Aquecedores de ar de convecção forçada que utilizam combustíveis fósseis - com caudal térmico inferior ou igual a 300 kW - Especificações técnicas e método de ensaio para o consumo de energia e instruções de rotulagem energética

- Caldeiras - Especificações técnicas e método de ensaio para o consumo de energia e instruções de etiquetagem energética

- Refinarias de petróleo - Critérios de consumo de energia nos processos de produção

- Estações de bombagem e oleodutos e gasodutos - Critérios de consumo de energia

- Estações de Compressão de Gás, Estações de Redução de Pressão e Condutas - Critérios para o consumo de energia

- Centrais de Processamento de Gás Natural - Critérios de Consumo de Energia nos Processos de Produção

Estufa comercial - Critérios de consumo de energia nos processos de produção

5.2.3. Projectos

- Auditoria energética e criação de um gabinete de gestão da energia em mais de 100 fábricas

- Seleção de um forno de fundição eficiente, com análise científica e estatística

- Recolha de base de dados de empresas estrangeiras especializadas no domínio da eficiência energética no sector industrial

- Estudo do consumo de energia e das soluções de eficiência em diferentes partes dos fornos utilizados na linha de produção de tijolos e produtos cerâmicos

- Realização de mais de 10 cursos de formação especializada sobre eficiência energética em diferentes sectores da indústria

- Estudo de viabilidade da utilização de pneus usados como combustível em fábricas de cimento

- Estudo técnico e de viabilidade da recuperação térmica dos gases de exaustão das caldeiras de vapor da indústria açucareira

- Execução do plano piloto de aumento de eficiência das caldeiras, através de controlo automático

- Estudos de viabilidade técnica e económica dos planos de CCHP

- Instalação de vários dispositivos-piloto de produção combinada de frio, calor e eletricidade (CCHP)

5.3. Eficiência energética no sector dos transportes

5.3.1. Regulamentos

- Lei sobre a reforma dos padrões de consumo de energia

- Lei sobre o desenvolvimento dos transportes públicos e a gestão do consumo de combustível

- Regulamento de execução do artigo 14.º da lei relativa à reforma dos padrões de consumo de energia

- Lei sobre o apoio a inovações e invenções eficazes para melhorar a segurança, o consumo de combustível e as emissões poluentes dos veículos

- ...

### 5.3.2. Normas nacionais

- Motociclos - Consumo de combustível, critérios de emissão de CO2 e instruções de etiquetagem energética

- Veículos ligeiros (gasolina, gasóleo e bicombustível) - consumo de combustível, critérios de emissão de CO2 e instruções de etiquetagem energética

- Veículos pesados e médios, rodoviários e todo-o-terreno, e motores diesel de máquinas de construção, construção, exploração mineira e agricultura - Critérios de consumo de combustível e instruções de etiquetagem energética

- ...

### 5.3.3. Projectos

- Utilização de GNC em vez de gasolina nos transportes públicos

- Projectos de investigação para identificar os factores que influenciam o consumo de combustível nos transportes urbanos e as suas soluções essenciais

- Estudo e codificação das normas de transporte

- Investigar o efeito do sistema eletrónico de cobrança de portagens (portagens sem dinheiro) na redução do consumo de combustível dos veículos

- Avaliação do desempenho dos motociclos eléctricos

- Eletrificação dos comboios

- Projeto de investigação sobre a utilização de combustíveis alternativos e locomotivas

- Investigar o consumo de combustível na aviação

- Estudar as formas de reduzir o consumo de combustível no transporte marítimo

- Avaliação do transporte ferroviário quanto aos seus efeitos na redução do consumo de combustível no país

- Estudos e simulação do ciclo de condução urbana em Teerão

- Estudos e avaliação dos interesses económicos das linhas 1, 2 e 5 do metro de Teerão.

- Aquisição e utilização de um sistema inteligente de controlo dos transportes

- Estudo do efeito da redução do tempo de deslocação na diminuição do consumo de combustível

- Publicação do livro completo sobre informações energéticas dos transportes

- Estudos sobre o ciclo de movimento dos autocarros e miniautocarros em Teerão

- Bonificação dos juros dos empréstimos para a aquisição de vagões

- . . .

5.3.4. Irão: Mudar os comportamentos para poupar energia

A experiência adquirida na República Islâmica do Irão (Irão) e no mundo, nas últimas décadas, mostra que o crescimento económico e o desenvolvimento industrial são condições prévias para o poder político, a independência nacional e a prosperidade cultural. Embora o Irão disponha de ricos recursos energéticos, o desperdício e a má utilização destes recursos representam um encargo muito pesado para o orçamento anual do país. Esta despesa é equivalente ao orçamento total para o desenvolvimento do país e foi estimada em cerca de 8 mil milhões de dólares americanos por ano (cerca de 2% do PIB - número do Banco Mundial de 2015).

Consciente da importância desta questão, o governo do Irão, com o segundo plano quinquenal de desenvolvimento económico, social e cultural do país, orientou-se para a otimização da utilização da energia e para a promoção de uma utilização correcta dos recursos do país. É um dever de todos os que ocupam cargos de responsabilidade.

O vice-ministro da Energia e dos Assuntos Eléctricos iniciou uma vasta campanha de planeamento para promover esta otimização. Para levar a cabo algumas destas actividades, o vice-ministro decidiu criar uma **organização para a Eficiência Energética do Irão (IEE)**, que iniciou as suas funções em 1996. A organização está a analisar todos os sectores consumidores de energia, especialmente a indústria, e a identificar possíveis poupanças que irão aumentar o rendimento nacional, a segurança social e o desenvolvimento do país.

Os principais objectivos da organização são melhorar a proficiência energética - aumentar o conhecimento sobre como gerir melhor a energia. Isto inclui aumentar a compreensão da eficiência na produção de energia, gestão da procura, consumo mais eficiente e controlo e diminuição da poluição ambiental. A organização também está a fazer investigação e desenvolvimento, formação e publica informação para melhorar a proficiência.

<u>Sensibilização do público para a eficiência energética</u>

Para além disso, o IEE também reconhece a necessidade de uma maior sensibilização dos cidadãos para a eficiência energética e para a forma de evitar o desperdício de energia. Nas últimas décadas, as organizações e empresas iranianas que lidam com questões energéticas utilizaram todo o seu poder para aumentar a sensibilização do público para a eficiência energética. Assim, foram realizadas centenas de conferências, seminários, cursos de formação, etc., e foram dedicadas dezenas de horas a programas de televisão sobre a importância da eficiência energética e as desvantagens do seu consumo excessivo.

*Imagem: 1 Duas personagens de desenhos animados são o rosto da campanha de eficiência energética no Irão.*

Após mais de 25 anos de aparecimento de personagens de desenhos animados iranianos sobre a eficiência e a segurança energéticas, estes desempenharam um papel significativo no incentivo às pessoas, especialmente aos jovens, para serem mais meticulosos no consumo de energia.

Como as redes sociais estão a tornar-se mais populares no Irão, foram criadas grandes oportunidades para o desenvolvimento de campanhas de comunicação pública. Algumas dessas campanhas, lançadas nos últimos anos, são as seguintes

- Campanha de redução do consumo de eletricidade

- Campanha de apoio aos interesses nacionais e à poupança de energia

- Campanha de redução do consumo de gás natural

*Imagem: 2 Campanhas no Irão promovem a eficiência energética junto dos cidadãos.*

Além disso, são realizadas anualmente várias conferências e workshops gratuitos por organizações governamentais e privadas no Irão. Estes eventos fornecerão actualizações essenciais sobre a gestão da utilização de energia e o aumento da eficiência, bem como explorarão a questão que está no cerne da melhoria da eficiência energética.

*Imagem: 3 Conferências sobre a gestão dos recursos energéticos.*

# yes
# I want morebooks!

Buy your books fast and straightforward online - at one of world's fastest growing online book stores! Environmentally sound due to Print-on-Demand technologies.

Buy your books online at
**www.morebooks.shop**

Compre os seus livros mais rápido e diretamente na internet, em uma das livrarias on-line com o maior crescimento no mundo! Produção que protege o meio ambiente através das tecnologias de impressão sob demanda.

Compre os seus livros on-line em
**www.morebooks.shop**

Printed by Books on Demand GmbH, Norderstedt / Germany